AF454417

LETTRE

DE **M. GIRARD**, Huissier,

À Magny-en-Vexin (Seine-et-Oise),

A MESSIEURS LES MEMBRES

COMPOSANT LE COMITÉ D'AGRICULTURE DE SEINE-ET-OISE.

Messieurs,

Vous savez la différence qui existe entre l'agriculture ancienne et l'agriculture actuelle. Nous sommes heureux de le dire, cette différence est grande; car il est incontestable qu'aujourd'hui les produits de notre sol sont doublés comparativement à ceux que retirèrent nos pères, et pourtant ce sol n'a pas changé de nature pour nous donner un si grand surcroît.

Labourer, épandre des engrais aux époques fixées par l'usage, jeter des semences sur les terres indistinctement, sans avoir égard à leurs besoins ou à leur variété, voilà l'agriculture ancienne, l'agriculture la plus vulgaire, encore pratiquée de nos jours par un trop grand nombre de cultivateurs, qui ont de la peine à sortir de la vieille routine.

1844

Les agriculteurs de notre époque, qui visent au progrès, nous disent que la terre est variée à l'infini; que, dans ses variations, elle a, pour ainsi dire, ses goûts, ses caprices, et qu'il faut s'appliquer à les satisfaire.

L'art nouveau consiste donc à façonner les champs d'une manière appropriée à leurs besoins, à leurs différentes qualités. Pour être habile dans l'agriculture, il faut en connaître les règles, et c'est une connaissance qui ne s'acquiert qu'avec le temps. L'agriculture, considérée à ce point de vue, soulève naturellement la question des baux, question fort intéressante, et qui chaque jour s'agite davantage.

Les théoriciens posent avec raison, comme un principe fondamental, qu'il faut avoir beaucoup d'herbes pour nourrir beaucoup de bestiaux, et se procurer beaucoup d'engrais. Ils conseillent donc aux agriculteurs de consacrer le tiers et même la moitié de leurs exploitations à la nourriture des bestiaux ; les agriculteurs mêmes regardent ce principe comme vrai, mais la théorie ne devrait-elle pas songer aussi à la durée des baux, qui n'est point en rapport avec les préparations et les frais exigés par la culture raisonnée des terres avant la récolte des herbes et des moissons abondantes ?

A l'époque actuelle où tout tend à se niveler, on ne peut prospérer dans aucune partie sans une bonne gestion, une bonne exécution, et l'agriculture étant considérée dans tous ses détails, on reconnaît que les charges en sont trop lourdes, qu'elles sont un obstacle aux moindres essais. Les essais répétés font naître l'habileté, le talent, sans lesquels on ne peut obtenir des bénéfices réels ; mais les agriculteurs peuvent-ils s'y livrer avec tant de frais dans une exploitation dont la jouissance ne leur est assurée que par des baux de courte durée ? Un fermier entrant est obligé, pendant plusieurs années, de faire ses frais de préparation, et à peine en a-t-il recueilli quelque fruit, que déjà il voit de bien près le terme de sa jouissance.

Conservera-t-il cette jouissance en obtenant de son propriétaire une prolongation de bail ? C'est ce qui le préoccupe, et telle est souvent la triste position de ce fermier, que, pour obtenir une prolongation de bail après de grands sacrifices, il est forcé de les doubler en donnant au propriétaire l'augmentation de loyer offerte à celui-ci par un concurrent qui renchérit précisément à cause de l'état de bonne culture de la ferme, la disputant à celui qui en a fait tous les frais.

Pour remédier à un inconvénient si grave, ne pourrait-on pas établir deux sortes de baux, appeler *demi-baux* les baux de neuf ans, et *baux entiers* les baux de dix-huit ans, avec certaines conditions ?

Cette idée, sans doute, ne serait pas reçue immédiatement, mais elle pourrait l'être dans la suite. Pour l'expliquer, il faut dire que de longs baux, quelque avantageux qu'ils fussent, seraient toujours une sorte d'aliénation pour les propriétaires, puisqu'ils seraient longtemps sans pouvoir disposer de leurs propriétés ; mais il faut dire aussi que le droit de résiliation serait prévu pour le moment où s'accomplirait la neuvième année, droit dont l'exercice obligerait les propriétaires à payer aux fermiers une indemnité pour les engrais. La première période des baux s'accomplirait donc sans que les fermiers eussent intérêt à rien détruire de l'état de bonne culture où ils auraient mis leurs exploitations.

Les enfants de cultivateurs qui restent sous le toit paternel, se destinent à la profession de leurs pères ; ils en prennent les habitudes, ils en acquièrent les talents pendant leur jeunesse ; plus tard, quand il en est temps, ils s'établissent, ils achètent les montures avec les fonds que leurs parents leur donnent en mariage ; mais ces fonds ne sont pas toujours suffisants : il faut que les premières économies complètent les montures. Par de longs baux ces charges seraient moins pesantes, les années s'écoulant, les bénéfices arriveraient , et l'aisance commencerait à se faire sentir, si des pertes ne venaient pas l'éloigner.

Cette question des baux est d'autant plus intéressante, qu'elle se rattache essentiellement aux questions des herbes, des bestiaux et des engrais , tant préconisés par les auteurs de notre époque, et que de la solution de ces diverses questions dépendent les améliorations espérées pour l'agriculture.

Avec une jouissance de dix-huit années, un agriculteur intelligent fera tous les frais de préparation nécessaires dès le commencement de son bail ; il appliquera tout son talent à faire fructifier les terres pendant cette longue jouissance ; il paiera facilement ses fermages ; il se procurera de l'aisance pour l'établissement de ses enfants, et un bien-être pour ses vieux jours ; tandis qu'il arrivera difficilement à ce résultat par des baux de courte durée. Ces baux ne lui permettront pas de se livrer à l'art de l'agriculture tel qu'il est enseigné aujourd'hui.

Oui , si l'usage des longs baux s'établissait , on n'entendrait plus ces plaintes de la part des cultivateurs :

« Le malheur de l'agriculture, disent-ils, c'est la trop courte
« durée des baux; nous ne pouvons entretenir constamment nos
» fermes en état de bonne culture, parce que nous avons toujours
» à craindre qu'elles n'aillent en d'autres mains à l'expiration
» des baux. Pour éloigner les concurrents, nous détruisons dans
» les dernières années ce que nous préparons à si grands frais
» dans les premières. »

Pour que nos agriculteurs travaillent paisiblement à se créer de l'aisance , un bien-être, ce n'est pas assez qu'ils aient toutes les facultés de se préparer de belles moissons, il faut encore qu'ils soient assurés contre des fléaux qui trop souvent viennent les leur ravir.

En effet, les cultivateurs passent une année entière à faire des frais considérables, à donner des soins de tous les moments à leurs champs, pour obtenir de belles récoltes avec lesquelles ils doivent faire face à toutes les charges de leurs exploitations, et puis, tout à coup, ils les voient ravagées par la grèle ou consumées par le feu ! Ces deux fléaux sont pour eux des causes d'éternelles craintes.

Les ravages de la grèle et du feu seront toujours des pertes réelles pour le commerce, pour la société, et rien ne peut faire qu'il en soit autrement; mais du moins ne pourrait-on pas assurer contre ces fléaux les malheureux cultivateurs qui ont à les subir?

Telle est, Messieurs, la question que nous allons avoir à vous soumettre.

Au temps de la féodalité, les communications étaient restreintes, et les gens attachés aux champs n'avaient guère de relations au-delà des limites du canton dans lequel ils vivaient. Ce n'était pas dans ces temps d'ignorance que pouvait naître l'idée des associations contre la grèle et l'incendie des récoltes; ce n'était pas non plus pendant le cours de notre longue révolution qu'elle pouvait se produire, mais bien dans les temps calmes qui devaient venir après elle. Celui qui a organisé la première société contre la grèle, a droit à notre estime et à notre reconnaissance, quelles que fussent les imperfections ou les abus de son administration, parce qu'il a fait une chose, sinon avantageuse à l'agriculture, utile du moins à ceux qui devaient se charger de mieux faire après lui. Quelques compagnies qui étendent leurs opérations dans les diverses contrées qui nous environnent, datent d'une vingtaine d'années ; elles ont essayé quelques améliorations, mais leur péché originel ne s'est point effacé.

Aujourd'hui la question semble agitée partout , à en juger par de nombreux projets formés dans divers pays. Ces projets, quels qu'ils soient , témoignent d'une chose au moins , c'est que l'idée de se mettre à l'abri de la grèle est passée dans l'esprit des cultivateurs.

Dans notre contrée du Vexin , des sinistres considérables et récents sont venus désoler ceux qui ont eu à les subir, et inspirer des craintes à ceux qui n'ont eu qu'à les considérer ; aussi l'idée des associations s'est-elle manifestée de toutes parts. Cette manifestation nous a paru digne d'attention : nous avons pensé qu'il fallait que quelqu'un s'occupât de cette grande affaire ; et, sans consulter nos forces, nous nous sommes décidés à prendre l'initiative.

Après avoir examiné ce qui existe actuellement en fait d'assurances contre la grèle , nous avons découvert des abus intolérables , et nous avons recherché quels pourraient être les moyens d'amélioration.

Nous rapportons ici quelques-unes de nos observations sur les compagnies existantes :

Supposons à une de ces compagnies 80 millions de prospérité, prenant le terme moyen de 20,000 francs par chaque assuré, nous trouvons qu'elle en a 4,000. Les frais d'administration sont à 1 fr. 50 cent. du mille pour les sommes au-dessus de 30,000 fr., 1 fr. 75 cent. pour celles de 15 à 30 mille, 2 fr. pour les sommes au-dessous de 15,000 fr. Calculant les frais d'administration sur nos 80 millions, nous trouvons qu'ils s'élèvent à la somme totale de 137,117 fr. ; ce qui donne, terme moyen, 1 fr. 75 c. du mille, sans comprendre les frais d'expertise qui sont incroyables, puisque cette année une des compagnies en compte pour 5,000 fr. sur des sinistres de 58,000 fr.

Ainsi, le directeur de cette société de 80 millions perçoit chaque année 137,117 fr., ci................... 137,117 fr.

Quel est donc l'emploi de cette somme?

Nous savons que ce directeur a des frais de bureau; qu'il a besoin de quelques commis, soit. 10,000 fr.

Nous savons aussi qu'il fait remise à ses agents du 5ᵉ environ, soit......... 27,400

        —— — 37,400

Il reste pour le traitement du directeur........ 99,717

Nous avons entendu dire par beaucoup de cultivateurs que le directeur de *la Cérès* gagnait 100 mille francs par an. Nous nous étions toujours refusés à le croire; mais, par le calcul qui précède, nous y sommes obligés jusqu'à ce que l'emploi de 99,717 fr. soit établi.

Ainsi nous supposons un agent des compagnies existantes, assurant un cultivateur pour 30,000 francs de récoltes pendant cinq ans ; pour ses honoraires il s'attribue la première année des frais d'administration, soit 52 fr. 50 cent., et il laisse à son directeur une rente de semblable somme pendant quatre ans. Si l'assurance se fait pour dix ans au lieu de cinq, il perçoit 105 francs et la rente du directeur est de huit années au lieu de quatre. Ces sortes d'affaires pouvant se multiplier à l'infini, il en résulte qu'un directeur des compagnies existantes pourrait se procurer annuellement des sommes immenses.

De pareils abus ont-ils besoin de commentaires ?

Ce qui est très curieux sur ce sujet, ce sont les prospectus de *la Cérès*, dans lesquels le directeur annonce que le terme moyen des sinistres remboursés par son administration est de 6 francs du mille, et aussitôt il rappelle d'une manière triomphante que les frais d'administration qu'il percevait dans l'origine étaient à 2 fr. 50 du mille, mais qu'ils ont subi d'importantes modifications. Nous les connaissons, ces modifications importantes, et nous savons qu'elles ne privent pas M. le directeur de ses 100,000 francs par an. Nous posons ce chiffre, parce que beaucoup de cultivateurs nous le disent, et parce que le calcul que nous venons de faire nous le démontre. Le directeur de *la Cérès* termine ses prospectus, en engageant la classe agricole à se bien pénétrer des avantages de son administration, et l'invite à s'y réunir tout entière. S'il pouvait en être ainsi, rien ne l'empêcherait de se faire un demi-million de revenu.

Ce n'est pas seulement à cause des abus énormes que nous venons de signaler que les compagnies existantes sont mauvaises, elles ont d'autres défauts que nous faisons connaître dans nos lettres aux cultivateurs du Vexin ; un grand reproche à leur faire, c'est de ne pas avoir une caisse de prévoyance pour se procurer des ressources suffisantes contre la grêle ; nous savons la réponse qu'on nous adressera, c'est qu'une caisse de prévoyance a été refusée au directeur *de la Versaillaise*, par M. le ministre de l'Agriculture qui a fait de son refus une question de principe.

Nous ignorons si M. le ministre a examiné la question au fond et si la réponse qu'il a faite établit un principe ; mais ce qui nous paraît probable, c'est que M. le ministre pense, comme nous, qu'il ne faut point laisser à des spéculateurs le maniement des millions nécessaires pour faire face aux sinistres de la grêle.

Nous cessons de vous entretenir des compagnies existantes, messieurs, pour vous présenter notre projet d'association contre la grêle et l'incendie des récoltes en meules et en granges. Nous l'avons expliqué longuement dans une lettre adressée aux cultivateurs du Vexin, et dont nous remettrons à chacun de vous un exemplaire ; nous nous proposons une administration simple, régulière et tenue à peu de frais surtout ; mais la grande économie de ce projet serait d'arriver à connaître le terme moyen des sinistres pour ne demander aux cultivateurs que des cotisations invariables. Nous supposons ce terme moyen au centième de la masse, 10 francs du mille ; or, les cultivateurs auraient à acquitter annuellement ce chiffre ; un cultivateur ayant pour 30,000 francs de récoltes, verserait chaque année 300 francs. Cette somme serait sans doute une augmentation d'impôts, mais dans la suite des temps, ce nouvel impôt entrerait en considération dans les baux et cesserait d'être une charge nouvelle ; par ce moyen les cultivateurs seraient tous à l'abri des fléaux qui ne sont que trop souvent ruineux pour ceux qui en sont atteints. Pour l'application de ce système, il sera formé une caisse de prévoyance renfermant des capitaux considérables qui seront versés dans les caisses de l'État.

Parmi les compagnies existantes contre l'incendie, il en est beaucoup qui offrent les garanties désirables, quoiqu'elles ayent toutes besoin d'améliorations ; le concours, l'aide de l'une de ces compagnies, nous ayant paru utile à la propagation de notre projet, nous avons porté notre attention sur *les Mutuelles mobilières et immobilières Rouennaises* ; nous avons reconnu qu'elles sont organisées sur des bases solides et d'après les idées nouvelles ; c'est pourquoi nous avons eu le désir de nous créer des relations avec cette compagnie et d'établir entr'elle et notre projet une sorte d'alliance.

M. Daux, directeur, a répondu à notre demande par la lettre suivante :

« Rouen, 24 juillet 1844.

» Monsieur,

» J'ai lu avec toute l'attention et l'intérêt qu'il mérite, le projet d'association
» que vous avez bien voulu me communiquer ; j'ai examiné en outre, la propo-
» sition que vous m'avez faite d'établir une sorte de communauté entre votre
» société et celle que je dirige ; les bases de nos statuts étant les mêmes, ou à
» peu près, que celles sur lesquelles vous avez l'intention d'établir les vôtres,
» les départements où vous voulez étendre vos opérations étant les mêmes
» aussi que ceux qui composent notre circonscription, je considère comme très
» utile et très avantageuse sous tous les rapports, l'alliance projetée. Les culti-
» vateurs assurés contre la grêle et contre l'incendie auront bien affaire à des
» administrations distinctes, mais aux mêmes agents. Ils trouveront contre ces
» deux fléaux, une garantie solide, infaillible, autant que peuvent l'être les
» choses humaines, garantie qu'ils se procureront à des conditions peu oné-
» reuses.

» Non-seulement je vous autorise, mais je vous invite, Monsieur, à vous
» présenter en mon nom, chez tous les cultivateurs dont la société que je di-
» rige, assure le mobilier, les immeubles et les récoltes ; ils sont nombreux
» dans le département de l'Eure, plus nombreux encore dans le département
» de la Seine-Inférieure, que vous comprendrez, peut-être, dans le cercle de
» vos opérations ; dans peu de temps, ils ne le seront pas moins, je l'espère,
» dans l'Eure et Loir, l'Oise et Seine-et-Oise, trois départements tout récem-
» ment appelés, par ordonnance royale, à jouir des avantages de notre institu-
» tion ; laquelle date du 1er septembre 1837.

» Agréez etc., etc.

» Le Directeur, DAUX. »

Le siége de notre administration sera établi à
où nous trouvons à peu près le centre de la circonscription dans
laquelle nous nous proposons d'étendre nos opérations.

Cette administration sera organisée ainsi qu'il suit :

Premièrement. Un conseil général, composé comme il sera expliqué plus loin.

Deuxièmement. Un conseil d'administration dont les membres seront pris parmi ceux du conseil général.

Troisièmement. Un administrateur principal chargé de la direction.

Quatrièmement. Un administrateur au centre de chaque département, chargé de surveiller et d'inspecter les sous-administraieurs qui seront établis dans chaque arrondissement.

Le conseil général sera l'*âme* de la société; il s'assemblera une fois chaque année à l'époque du mois de septembre; les pouvoirs les plus étendus lui seront conférés par les statuts, à l'effet d'apporter dans l'administration toutes les améliorations dont l'utilité se fera reconnaître par la pratique des affaires et le temps. Sa mission aura pour objet diverses choses, notamment de fixer le traitement des administrateurs suivant la prospérité de la société; de régler tous les frais d'administration ; d'examiner tous les procès-verbaux de sinistres, avec les pièces à l'appui, qui seront présentés par les administrateurs , et d'admettre les droits des sinistrés à toucher leur remboursement; puis, après examen et admission des sinistres, d'en former un chiffre total pour établir celui de la contribution par chaque mille francs ; puis enfin consigner le tout dans une délibération bien motivée , qui sera imprimée en autant d'exemplaires que d'assurés, et adressée à tous. A ce conseil général seul appartiendra le droit de révoquer les administrateurs.

Le conseil d'administration , composé de sept membres , se

réunira dans les premiers jours de chaque mois pendant le temps des moissons, et même plus souvent si besoin est ; il constatera l'admission des sociétaires, et ses fonctions ne rouleront du reste que sur des choses de pure administration. Chaque membre recevra une carte de présence, qui lui sera payée à titre de déplacement. Telle est ce que nous appelons une administration économique, simple et régulière.

Nous allons maintenant vous entretenir, Messieurs, de la composition de notre conseil général, auquel nous attachons la plus grande importance.

Nous appellerons, pour en faire partie, des agriculteurs possédant le talent de leur métier. Mais, quelque capables qu'ils soient dans l'art de l'agriculture, ils ne seront pas toujours des gens assez habitués aux affaires pour contrôler une grande administration ; d'ailleurs, comme ils résideront à des distances plus ou moins éloignées, pourrions-nous espérer les avoir toujours en nombre suffisant pour délibérer ?

Vous le savez mieux que nous, Messieurs, il entre dans votre mission de protéger tout ce qui peut ajouter à la prospérité de l'agriculture. Si vous pouviez donc voir quelque chose d'utile dans l'institution que nous avons pris à tâche de fonder, nous vous prierions de nous accorder votre appui, votre protection, et même votre concours ; ce qui ne nuirait en rien à la dignité de votre corps, puisque, si vous vouliez bien, Messieurs, nous l'accorder, ce concours, il n'aurait d'autre objet que de vous rendre les dépositaires de la confiance agricole tout entière.

Cette tâche que nous avons entreprise serait au-dessus de nos forces sans le secours de ceux qui doivent coopérer à une œuvre qui sera un grand bienfait ; nous serions heureux qu'elle pût être appréciée dès-à-présent par le comité d'agriculture de Seine-et-Oise; qu'il lui plût unanimement de se placer à la tête du conseil général, et d'éclairer de ses lumières l'administration de la société.

Nous osons le dire, les MUTUELLES ROUENNAISES sont organisées de la manière la plus convenable, puisque les cotisations des sociétaires n'ont d'autre emploi que le remboursement des sinistres bien et dûment vérifiés par un conseil d'administration, composé de plusieurs sociétaires notables et éclairés, qui sont au-dessus de toute attaque par leurs positions sociales; il faut ajouter qu'aucune critique ne peut s'élever contre les frais d'administration, qui sont fixés par des arrêtés du conseil.

Il suffirait de lire les statuts des MUTUELLES ROUENNAISES pour reconnaître les avantages de leur administration ; mais nous les mettons en évidence par l'exemple que voici :

Dix mille cultivateurs ayant en moyenne 20 mille francs de récoltes chacun, présentent une masse de 200 millions. Pour assurer ces 200 millions, les compagnies à primes prendraient 600 mille francs d'après le terme moyen de leurs primes, qui est 3 francs moins quelques centimes. Nous disons que c'est un grand tort de payer 600 mille francs sans connaître les sinistres pour lesquels cette somme énorme est versée chaque année.

Par l'administration des MUTUELLES ROUENNAISES, les sinistres sont présentés au conseil d'administration, qui les examine; s'ils se trouvent être de 600 mille francs ou d'une somme plus élevée, il en ordonne le paiement ; mais s'il arrive que les sinistres ne soient qu'à 300 mille francs, 200 mille ou seulement 100 mille, les sociétaires paient exactement ce qui est dû, rien de plus, et ils n'ont pas à verser tous les ans 600 mille francs sans en connaître l'emploi. Veut-on savoir quelque chose de l'emploi de nos 600 mille francs versés aux compagnies à primes? Eh bien! nous osons avancer que, dans ces compagnies, les frais d'administration et les bénéfices des spéculateurs qui les ont organisées, ne sont pas moins élevés que les sinistres qu'ils remboursent.

Les assurances des maisons peuvent rester avec moins d'inconvénient dans les mains des spéculateurs, parce que le plus souvent les sinistres sont d'une faible importance ; mais les assurances contre la grêle et l'incendie des récoltes, pour lesquelles il faut payer si cher, doivent sortir de la spéculation.

Nos intentions sur la formation et l'administration de notre Caisse de Prévoyance se trouvaient d'accord entièrement avec l'organisation des MUTUELLES ROUENNAISES, à l'exception d'une chose toutefois, c'est que notre fonds de réserve, au lieu de rester entre les mains des sociétaires, sera conservé à la Banque de France, qui se chargera également de toucher les cotisations des sociétaires, au moyen de mandats à son ordre, délivrés par l'administration, et de payer les sinistrés sur les titres établissant leurs droits.

Par cette manière d'opérer, qui est la seule raisonnable, la seule admissible, les administrateurs n'auront aucune responsabilité d'argent, et il suffira à l'administration d'avoir des comptes bien tenus à la Banque.

Plusieurs fois déjà nous l'avons dit, nous ne sommes point des spéculateurs, mais bien des administrateurs. A ce titre, nous ne pouvons avoir, et on ne voudra jamais que nous ayons la responsabilité des millions qu'il faut contre la grêle et l'incendie des récoltes.

Quelques personnes ont pensé que notre projet était au-dessus de nos forces, parce que n'étant pas millionnaires, nous ne pouvions donner de garantie : elles auraient raison si nous étions des spéculateurs; mais, pour réaliser notre système, il ne faut avoir que du zèle et l'amour de tout ce qui peut être utile à l'agriculture.

Nota. Des cahiers préparés pour recevoir l'approbation des cultivateurs, sont déjà couverts de nombreuses signatures et de diverses mentions, par lesquelles des personnes honorablement placées; encouragent le projet d'association dont il s'agit.

Paris, Imprimerie de GUILLOIS, rue du Faubourg-Saint-Antoine, 123.